考える力を育てる

天才ドリル

はじめに

■国語が苦手な子どもの８割は、文章を読めていない

生徒が私のもとへ質問に来ます。

「どこがわからないの？」「これ」「じゃあ、この問題文をもう一度読んでごらん」「もう読んだ」「もう一度、ここで声を出して読んでごらん」「『昨日、太郎くんは20個、花子さんは30個のおはじきを持っていました。今日、太郎くんは自分の持っているおはじきのうち５個を花子さんに……』。あ、わかった！」

このように、問題が解けなくて質問に来た場合、その問題文を声に出して読ませるだけで、何割かの子どもが何の解説もなしに疑問を解決します。

また何割かの子どもは、自分で読んでもわからないけれども、こちらが声に出して読むと、同じく解説なしに理解します。

もちろん、問題の難しさにもよりますが、もう一度自分で声に出して読ませる、あるいは講師が声に出して読むと、おそらく半数以上がそれだけで理解して、あとは自分で解ける状態にまでなります。

これは算数だけでなく、どの科目についても同じです。**「わからない」と言っている子どものかなり多くが、問題が難しくて解けないのではなく、問題の内容について理解できていないから解けない**、のです。

国語の指導をしていればわかりますが、国語の不得意な子どものおよそ８割が、文章そのものを読んでいない（読めていない）ことが、その原因です。

ですから、**「きちんと読ませる」という指導をするだけで、多くの子どもが国語**（ほかの教科も！）**の成績を上げることができます**。

これは驚くべきことですが、まちがいのない事実です。私が保護者の方に、「『長文切り抜き問題*』をさせないでください」とお願いするのは、ここに理由があり

ます。読めない子どもに「長文切り抜き問題」を解かせると、かえって悪いクセがついて、国語力を下げる原因となるからです。

■文章題が解けない子どもも、文章が読めていない！

算数も同じく、解けない子どもの多くは、設問の文章が読めないから解けないのです。文章題になったとたんに解けなくなる、という子どもは少なくありません。難しい△△算であっても、**本当は△△算について十分理解をしているのに、設問の文章が読めていないから解けない**、という子どもが大変多くいるのです。

昨今、社会の大きな変化に伴って、思考力を必要としない作業は、コンピュータ（AI）に取って代わられる可能性が高くなってきました。また、リモートワークの普及によって、どの作業が必要で、どの作業が不要かが容易に見える形になりつつあり、不要な作業は徐々に淘汰されていくでしょう。

ものを考えるということのほとんどは、「言葉」でなされます。したがって、「言葉」を深く理解し、よく使いこなせることは、ものを考える基本となります。つまり、**「読解力」は「思考力」の原点**であり、近年、社会情勢の変化を受けて、「読解力」の重要性についての認識がますます高まってきています。

「読書」の必要性をうたった書籍も、数多く見られるようになりました。今まで国語の授業といえば「読解問題（長文切り抜き問題）」一辺倒であった進学塾も、「読解力」を鍛えるためのプログラムに重心を移動させつつあります。

いくつかの大手進学塾では、「読解力」を養成する特別のクラスを新たに設けるなどもしはじめているようです。

■『どっかい算』は、問題文を正しく読み、理解できるようになる教材

本書は、私たち学習教室エム・アクセスのスタッフが、長年にわたって多くの

子どもたちを見てきた結果でき上がった、まったくのオリジナル教材です。

問題を解く際において、**「設問が正しく読めていないから解けない」という原因を発見し、それを解決する数少ない教材**です。

そしてその効果は、「どっかい算」で学習した生徒たちの**「問題文をしっかりと読むことの大切さがわかった」「正しく読めば解けるんだということが理解できた」、また「テストの点数・成績が上がった」**などという多くの声で実証されています。

さらに、**「ものごとを、筋道を立てて論理的に考える力＝思考力」**が上がったという声も、たくさんいただいています。

本書の特徴の一つとして、「設問のレベルは、それほど高くない」というポイントがあります。しっかりと読めば、算数のレベルとしては小学校低学年でも解けるような問題も含まれています。もちろん、**「問題文を読むことの大切さ」を理解していただくねらい**からです。

また、「解けない問題（解のない問題、複数解のある問題）」もいくつか出題しています。これも、文章をしっかりと読むことの重要さを体得していただくことが大きなねらいです。

同時に、「人が人生において直面する問題には、解けない問題もたくさんあるのだよ」という一つの真理をわかってほしいという願いからでもあります。

ぜひ、本書『どっかい算』で、その効果を実感してください。

＊**長文切り抜き問題**：長い文章の一部分を問題文として切り抜き、それに対して設問がつけられた、一般的な国語読解問題のこと。ほとんどの国語の問題集が、この「長文切り抜き問題」である。まだ文章がよく読めない子どもにこの長文切り抜き問題、たとえば「５字で書き抜きなさい」という設問をさせると、文章を読まないまま「５字」の言葉のかたまりを探し、適当に解答とするなど、かえって悪いクセがつくことが多い。

例題　『どっかい算』とは、こんな問題だよ！

例題 1

きょうこさんは1150円持っています。みきこさんは1230円持っています。２人はいっしょに文房具を買いに行きました。みきこさんはえんぴつを１本と赤ペン１本を買うつもりでしたが、えんぴつがかわいかったので、えんぴつを５本と赤ペン１本買いました。きょうこさんはふでばこ１つと15cmの定規を１つ買うつもりでしたが、ふでばこが高かったので、150円の定規とクリップを６こ買いました。買い物が終わったあと、２人の持っているお金の合計はいくらになりますか。ふでばこは１つ630円、えんぴつは１本80円、赤ペンは１本120円、クリップは１こ30円でした。

例題 1 の解説

文章題を解くときには、大きな２つのポイントがあります。

１つ目は、設問の文章がきちんと理解できているかどうか
２つ目は、何を求めなければならないか（設問で問われていること）が、わかっているかどうか

です。

特に２つ目の「何を求めなければならないか」をよく理解しないままに文章題を解いている人が、たくさんいます。とうぜん、「何を求めなければならないか」をよく理解しないまま解けば、正しい答えを求めることはできません。

さて、**［ 例題❶ ］**で質問されていることは何ですか。**［ 例題❶ ］**では、何を求めなければならないでしょうか。きちんと読み取れましたか。

質問されている内容は、
Ａ「……お金の合計はいくらになりますか」
ではありません。また、
Ｂ「……２人の持っているお金の合計はいくらになりますか」
でもありません。

正しくは、
「……買い物が終わったあと、２人の持っているお金の合計はいくらになりますか」
です。

質問されている内容が「Ａ」だと読み取った人は、答えが買った商品の代金の合計だと思って「850円」としたかもしれません。
質問されている内容が「Ｂ」だと読み取った人は、「2380円」としたことでしょう。
きちんと文章が読めない人は、たずねられている内容もきちんと読み取ることができていません。ですから、正しい答えを出すことができません。

この問題では、少なくとも「……買い物が終わったあと、２人の持っているお金の合計はいくらになりますか」という部分全部が読み取れていないと、正しい答えを出

文章題が正しく読めるようになる
どっかい算
問題編
問題文をよく読んで、
何を聞かれているか
考えよう!

Contents

初級編

問題 1

はなこさんは家にあるおこづかい1500円のうち600円持って買い物に行きました。弟のたろうくんは700円持って、はなこさんと一緒に買い物に行きました。はなこさんとたろうくんは二人で、お母さんの誕生日プレゼントを買いに行ったのでした。二人は合わせて1000円のお花を買いました。二人のおこづかいの合計は、いまいくらになりましたか。たろうくんの家にあったおこづかいは、はじめ1200円でした。

答え：

▶正答は次のページ！

この問題では、何が問われていたでしょうか。「二人のおこづかいの合計は、いまいくらになりましたか」ですね。ですから、大切なのは「家にあるおこづかい」で、「持って行ったお金」ではないという点です。

はなこさんはお家に1500円持っていました。たろうくんはお家に1200円持っていました（←この部分、設問の最後に出てきていますので要注意）。

そして使ったのは、「二人は合わせて1000円のお花を買いました」ですから、1000円使ったのでした。

したがって、

式　　1500円＋1200円－1000円＝1700円

答え　1700円　となります。

あきらくんは宿題を２時間で終えました。かずおくんは同じ宿題を１時間やったらつかれたので、途中30分の休憩をはさんでまた１時間やって終わることができました。さて、どちらが何時間何分、先に宿題を終えましたか。ただし宿題を始めた時刻は、あきらくんが午後４時で、かずおくんは午後３時45分でした。

答え：

▶正答は次のページ！

これも同じように、まず「何が質問(しつもん)されているか」を読みとりましょう。

ここでは、「どちらが何時間何分、先に宿題を終えましたか」が要点です。宿題が終わる時刻を知るためには、始めた時刻と何時間していたかの2点がわからないといけません。

整理(せいり)すると、以下のようになります。

	開始時刻	宿題をしていた時間
あきらくん	午後4時	宿題2時間
かずおくん	午後3時45分	宿題1時間・休憩30分・宿題1時間

式　あきらくん：午後4時＋2時間＝午後6時

かずおくん：午後3時45分＋1時間＋30分＋1時間＝午後6時15分

午後6時15分－午後6時＝15分

答え　あきらくんが15分先に宿題を終えた

問題 5

ぼくが5歳（さい）のとき、母は34歳でした。父が60歳になる年に母は56歳になります。

① ぼくが20歳のとき、父は何歳でしょうか。

② いま、ぼくは何歳でしょうか。

答え：① ②

▶正答は次のページ！

以下のような表に記入すると、うまく整理できます。

その前に、要素を整理しましょう。

❶ ぼく5歳＝母34歳

❷ 父60歳＝母56歳

❶

父	歳	歳	歳
母	**34歳**	歳	歳
ぼく	**5歳**	歳	歳

❷

父	歳	歳	**60歳**
母	34歳	歳	**56歳**
ぼく	5歳	歳	歳

① 問われていること：

ぼくが20歳のとき、父は何歳か

父	歳	**？歳**	60歳
母	34歳	歳	56歳
ぼく	5歳	**20歳**	歳

ぼくと母とは　34歳－5歳＝29歳　離れていますから、

ぼくが20歳のとき、母は　20歳＋29歳＝49歳　となります。

父	歳	？歳	60歳
母	34歳	**49歳**	56歳
ぼく	5歳	**20歳**	歳

また、父と母とは　60歳－56歳＝4歳　離れていますから、

母が49歳のとき、父は　49歳＋4歳＝53歳　です。

父	歳	**53歳**	60歳
母	34歳	**49歳**	56歳
ぼく	5歳	20歳	歳

① の答え　53歳

② 問われていること：

いま、ぼくは何歳か

上の表で、問題に書かれている内容はすべて整理できましたが、いまが何歳なのかはわかりません。

② の答え　わからない

問題 6

つよしくんはお母さんにたのまれて、1個100円のリンゴを7個と、1本40円のバナナを6本買いに行きました。でも、つよしくんはイチゴが食べたかったので、まず1パック8個入り900円のイチゴを買いました。そうするとお金が足りなくなったので、リンゴは6個、バナナは4本だけ買いました。今日はセールの日で、リンゴは1個90円、バナナは4本1束のものが200円でした。さて、つよしくんはお買い物に何円つかいましたか。

答え：

▶正答は次のページ！

問われているのは、「つよしくんはお買い物に何円つかったか」です。実際に買ったものとその値段（ねだん）を整理（せいり）しましょう。

買ったもの	値段
イチゴ１パック	１パック900円
リンゴ６個	90円×６個＝540円
バナナ４本	４本１束200円

式　900円＋90円×６個＋200円＝1640円

答え　1640円

問題 7

A駅とB駅は40km離れていて、普通電車で25分かかります。またB駅とC駅は28km離れていて、同じ電車で15分かかり、C駅とD駅は51km離れていて、同じ電車で28分かかります。A駅からD駅には、B駅とC駅を通過する急行電車なら45分で行けます。なお、駅で停車している時間は考えないものとします。

① A駅からB駅を通ってC駅まで行くのに何分かかりますか。

② A駅とC駅は何km離れていますか。

答え：① ②

▶正答は次のページ！

① 図にかくとよくわかります。図は理解の手助けにもなりますし、もしかけないところがあれば、それは自分が設問の内容を理解していないところなのだということもわかります。

式　25分＋15分＝40分

答え　40分

② すべての駅と路線が上図のように直線に並んでいるのであれば、A駅からC駅までの距離は求められますが、多くの場合は下図のように直線ではありませんので、A駅とC駅の距離は、この設問からではわかりません。

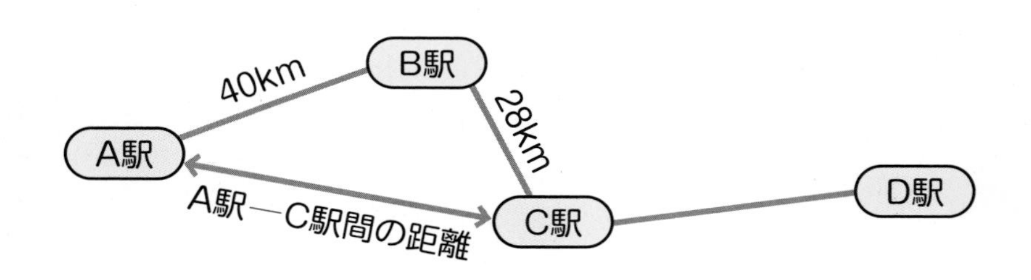

答え　わからない

※なお、A駅、B駅、C駅が直線に並んでいる場合は、

40km＋28km＝68km

答え　68km　となります。

問題 8

けんと君とゆうた君とあきら君は図書係です。今度、本棚を５つ入れ替えることになり、全部で570冊の本を図書係３人で入れ替えることにしました。みんな平等に運ぶことにし、同じ冊数ずつに分けました。しかし、けんと君はズルをして自分の運ぶ本のうち３冊をゆうた君の運ぶ本の中へ入れておきました。ところが、ゆうた君もじつはズルをしていて、自分の運ぶ本のうち２冊をあきら君の、４冊をけんと君の運ぶ本にまぜておきました。あきら君は自分が得をするようなズルはしなかったのですが、いたずらでゆうた君の分の１冊をけんと君の運ぶ分の中へ入れていました。けんと君が１回に５冊ずつ運ぶとすると、けんと君は運び終わるのに何回かかりますか。

答え：

▶正答は次のページ！

内容はぜんぜん難しくないのですが、読み取りがややこしいので、間違えないようにきちんと整理しましょう。

❶ 全部で570冊運ぶ
❷ 3人で平等に分けた
❸ けんと君が3冊へって、ゆうた君が3冊増えた
❹ ゆうた君が2冊へって、あきら君が2冊増えた
❺ ゆうた君が4冊へって、けんと君が4冊増えた
❻ ゆうた君が1冊へって、けんと君が1冊増えた
❼ けんと君は1回に5冊ずつ運ぶ

このうち、❹はけんと君の冊数に関係ないので、考える必要はありません。
けんと君は、3冊へって、4冊増えて、1冊増えました。

570冊÷3人＝190冊……もともと1人が運ぶ予定の冊数
190冊－3冊＋4冊＋1冊＝192冊……けんと君が実際に運ぶ冊数
192冊÷5冊＝38回あまり2冊

38回は5冊ずつ運びますが、最後に2冊あまり、それを運ぶのに1回かかりますから、
38回＋1回＝39回

答え　39回

みどり小学校では、学校内では白か緑のものしか身につけてはいけないルールになっています。今日４年３組の生徒は、白い靴の生徒が１６人、白いシャツの生徒が１１人、緑の靴の生徒が９人でした。また、しまやがらなど、２つの色が混じったものを身につけている生徒はいませんでした。

① ４年３組の生徒は、今日は何人出席していますか。

②「緑の靴」で「緑のシャツ」の生徒は何人以上何人以下ですか。

答え：①　　　　　　②

▶正答は次のページ！

① 白か緑しか身につけてはいけないので、「靴」を見れば人数がわかります。

16人＋9人＝25人

答え　25人

② まず「緑のシャツ」は　25人－11人＝14人　です。
「緑の靴」9人がすべて「緑のシャツ」の場合が考えられるので、最（もっと）も多い場合は9人です。

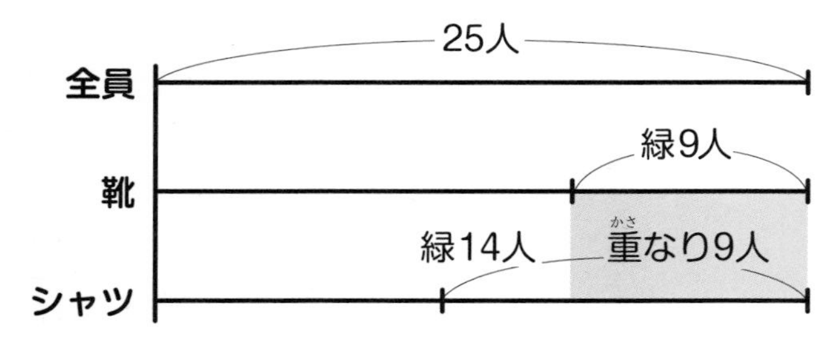

最も少ない場合は、「緑の靴」の人と「緑のシャツ」の人ができるだけ重ならない場合です。出席者は25人ですので、下図のように「緑の靴」の人がすべて「白いシャツ」の場合が考えられますので、最も少ない場合は0人です。

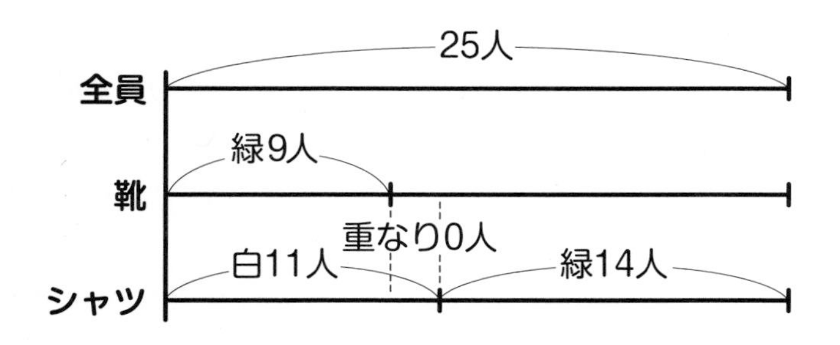

答え　0人以上9人以下

問題 4

算数の問題集を毎日勉強することにしました。その問題集は1ページに4題ずつ、全部で50ページあります。わたしは1日に6題ずつすることにしました。最初の5日間は予定どおりに進みましたが、6日目は学校の理科の宿題がプリント5枚もあったので、この算数の問題集は2題しかできませんでした。また15日目はかぜをひいてしまったので、1題もできませんでした。16日目は前の日の分を取り戻そうと、予定より3題多くやりました。17日目も同じく3題多く解こうと思いましたが、それは無理で、予定の数だけやりました。わたしが算数の問題集を全部仕上げることができたのは、始めてから何日目だったでしょうか。ただし、その問題集の最初のページと最後のページには、問題が1題もありませんでした。

答え：

▶正答は次のページ！

問われているのは、「問題集を全部仕上げることができたのは、始めてから何日目か」です。

全部で何題を、日々何題ずつこなしたか、これが整理(せいり)できれば答えが出ます。

・全部で何題か。

1ページに4題。50ページ。ただし最初と最後のページには問題が1題もない。

→4題が48ページある。　4題×48ページ＝192題

・日々、何題ずつこなしたか。

1～5日目	：1日6題	6題×5日＝30題
6日目	：2題	2題
7～14日目	：1日6題	6題×8日＝48題
15日目	：0題	0題
16日目	：6題＋3題＝9題	9題
17日目以降	：1日6題	

16日目までに　30題＋2題＋48題＋0題＋9題＝89題　こなした。

→残(のこ)りは　192題－89題＝103題

これを1日6題ずつこなすので、

103題÷6題＝17日あまり1題　←この1題をするために、あと1日必要。

16日＋17日＋1日＝34日

答え　34日目

問題 5

毎週火曜日と金曜日は、近くのスーパーの特売日(とくばいび)で、火曜日は野菜がすべて10円引き、金曜日は牛肉・豚肉(ぶた)・鶏肉(とり)がすべて20円引きになります。6月6日水曜日には2530円の買い物をしました。次の特売日には野菜ばかり3180円の買い物をしたところ、特売の値引(ねび)きで2990円になりました。それから次の特売日までは買い物をせず、その特売日で肉類(にくるい)ばかりを7パック買ったら、値引きで4670円の支払(しはら)いでした。次の肉の特売日の前日に、どうしてもミンチが必要になったので、もったいないけれども買いました。1パック300g入り652円でした。それから4回目の野菜の特売日が昨日でした。今日は何月何日何曜日でしょうか。6月は30日まで、7月は31日まであります。

答え：

▶正答は次のページ！

問われているのは「今日は何月何日何曜日か」です。金額(きんがく)は考えるのに不要(ふよう)です。

整理(せいり)しましょう。

❶ ６月６日は水曜日…A

❷ ６月６日の次の特売日に野菜を値引きで買った →「次の特売日」とは野菜の特売日だから次の火曜日…B

❸ 次の特売日で肉を値引きで買った…C

❹ 次の肉の特売日の前日にミンチ…D

❺ それから４回目の野菜の特売日が昨日…E

	日	月	火 野菜特売	水	木	金 肉特売	土
6月				6 A	7	8	9
	10	11	12 B	13	14	15 C	16
	17	18	19	20	21 D	22	23
	24	25	26	27	28	29	30
7月	1	2	3	4	5	6	7
	8	9	10	11	12	13	14
	15	16	17 E	18 今日	19	20	21

答え　7月18日水曜日

問題 6

ぼくのクラスでは、毎日10点満点の漢字のテストがあります。ぼくはお父さんに「漢字のテストの点数がよかったら、おこづかいがほしい」と言いました。そうしたらお父さんが、「10点なら30円、9点なら20円、8点なら10円あげよう。ただし、7点未満ならお風呂掃除をするという約束だよ」と言われたので、ぼくはそれでいいと約束しました。月曜から金曜までの5日間のテストを見せて、ぼくはお父さんから50円頂き、お風呂掃除はなしでした。でも本当は6点だったのを、ズルをして8点に書きかえたテストが1枚ありました。お父さんにはすぐにバレて、しかられました。そして本当の金額より10円へらされたおこづかいをもらい、本当より1回多いお風呂掃除が罰として与えられました。さて、ぼくは何円のおこづかいをもらい、何回お風呂掃除をすることになりましたか。

答え：

▶正答は次のページ！

整理しましょう。

❶ 最初もらった金額は50円。お風呂掃除はなし。

❷ ❶は6点（0円・お風呂掃除）→8点（10円）に書きかえてズルをしたものがある。

❸ 本当は50円より10円低く、お風呂掃除は1回ある。
50円－10円＝40円　本当は40円とお風呂掃除1回。

❹ ウソの罰でおこづかいは10円へらされ、お風呂掃除は1回増える。

おこづかい：40円－10円＝30円
お風呂掃除：1回＋1回＝2回

答え　おこづかい30円、お風呂掃除2回

毎朝、みゆさんは7時45分に家を出て、花屋さんの前で友だちと待ち合わせて学校へ行きます。昨日は花屋さんの前で友だちを10分待ったら、始業時間の15分前に学校に着きました。今日は友だちがお休みするので待ち合わせはしない予定だから、いつもより5分遅く家を出ました。途中で忘れ物に気づき、家に戻ると玄関でお母さんが忘れ物を手わたししてくれたので、すぐにまた学校へ向かいました。すると、始業時間ちょうどに学校に着きました。みゆさんはいつも同じ速さで同じ道を歩いたとすると、今日家を出て忘れ物に気づいたのは何時何分ですか。

答え：

▶正答は次のページ！

整理しましょう。

❶ 昨日：みゆさんは7時45分に家を出る→途中で友だちを10分待つ
→始業時間の15分前に着く

❷ 今日・忘れ物をしない場合：
5分遅く家を出る（＋5分）→友だちを待たない（－10分）
＝いつもより5分早く着く予定
＝始業時間の20分前に着く予定

❸ 今日・忘れ物をした：始業時間ちょうどについた…「忘れ物をしない場合」より20分遅く着いた

みゆさんの行程を図に表します。

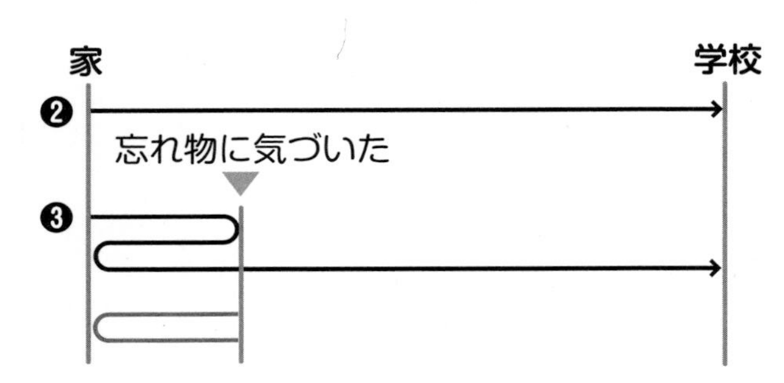

みゆさんが忘れ物をせずまっすぐに学校へ行く場合（上図❷）より、みゆさんが忘れ物を家に取りに帰っている場合（上図❸）の方が、忘れ物に気づいた地点から家までの往復分だけ余計に歩いていることになります（赤線の部分）。

したがって、赤線の部分で20分かかっているのですから、家から忘れ物に気づいた地点まではその半分の10分かかっていることがわかります。

今日は、家を出たのは　7時45分＋5分＝7時50分
7時50分＋10分＝8時

答え　8時

問題 8

10歳のとしお君は算数の問題集を解いています。全部で80問ある問題の［ 問19 ］が難しく、考えているうちに深夜0時をまわったので、としお君は11歳になりました。今日8月2日はとしお君の誕生日だったからです。［ 問19 ］で、51に「ある数」を足さなければならないところ、まちがって51から「ある数」を引いてしまい、正しく解けなかったのです。正しい答えと、としお君の出したまちがった答えの差は16で、まちがった理由がわかったときには夜中の1時を超えていました。次の［ 問20 ］の答えが偶然、［ 問19 ］の「ある数」と同じでした。結局、80問のうち20問しか解けず、明日はなんとか問題集全体の半分は終わりたいと思っています。さて、［ 問20 ］の答えは何でしたか。

答え：

▶正答は次のページ！

問われているのは「［問20］の答え」です。またそれは、［問19］の「ある数」のことです。

関係(かんけい)する数字を整理(せいり)しましょう。

❶ 51に「ある数」を足すと正しい答え

❷ まちがって51から「ある数」を引いて、まちがった答えを出した

❸ 正しい答えとまちがった答えの差は16

線分図(せんぶんず)で表すと、下図のようになります。

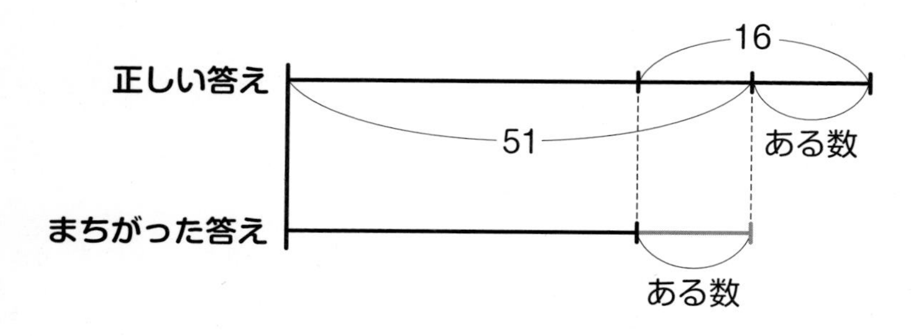

ある数＝16÷2＝8

答え　8

☆ ９歳のちはるさんは420円、ちはるさんの６歳の弟は390円はじめにもっていました。それが次の日には、ちはるさんは300円、弟は200円になっていました。それは４月のはるの暖かい日のことでした。それから７日たったあと、わたしはちはるさんと一緒に勉強をする約束をしました。約束はしたものの、その４月24日はあいにくかぜをひいてしまって、わたしは約束を４日後に変えてもらうことにしました。ちはるさんは明るく「いいよ」と言ってくれはしましたが、少しは残念に思っていたかもしれません。☆　さて、この問題の文章中 ☆～☆ の間に、「は」の文字は何回出てきましたか。

答え：

▶正答は次のページ！

正しく文章、言葉、文字を読み取ることは、すべての学習の基本(きほん)です。

☆ 9歳のちはるさんは420円、ちはるさんの6歳の弟は390円はじめにもっていました。それが次の日には、ちはるさんは300円、弟は200円になっていました。それは4月のはるの暖かい日のことでした。それから7日たったあと、わたしはちはるさんと一緒に勉強をする約束をしました。約束はしたものの、その4月24日はあいにくかぜをひいてしまって、わたしは約束を4日後に変えてもらうことにしました。ちはるさんは明るく「いいよ」と言ってくれはしましたが、少しは残念に思っていたかもしれません。☆

答え 20回

問題 10

私は、黄色、青色、白色の３種類の小鳥をかっていました。６日前、青い小鳥の半分が逃げてしまい青は６羽になりました。次の日、白い小鳥の卵５個のうち３個がかえり、ひな鳥になりました。４日前、黄色の鳥の半分を友だちにあげました。でも少なくなったので、その翌日、白と青の小鳥の数の差だけ、黄色の鳥を買いました。でも、買ったうちの３羽はにせの黄色い小鳥で、次の日には白くなってしまい、結局、黄色い小鳥は今10羽です。また今、小鳥はひなも合わせて全部で29羽です。青い小鳥が逃げる前、黄色、青色、白色の小鳥は、それぞれ何羽ずついたでしょうか。

答え：

▶正答は次のページ！

表に書いて整理(せいり)してみましょう。

	最初A	6日前B	次の日C	4日前D	翌日E	今F
黄色	□	□	□	半分あげた □÷2	青と白の差だけ買った □÷2+(青と白の差)	3羽にせ □÷2+(青と白の差)−3=10
青色	○	半分逃げた ○÷2=6	○÷2=6	○÷2=6	○÷2=6	○÷2=6
白色	△	△	ひなが生まれた △+3	△+3	△+3	△+3+3=△+6
合計						29

わかりやすいように、最初(さいしょ)の日を「A」、6日前を「B」、6日前の次の日を「C」、4日前を「D」、4日前の翌日を「E」、今を「F」と名前をつけておきます。

Bの日、青色は　○÷2=6　ですので、○=6×2=12

Fの日、「黄色=10、青色=6、合計=29」とわかっていますので、Fの日の白色は

29−(10+6)=13　とわかります。

すると　△+6=13　ですので、△=13−6=7　です。

	最初A	6日前B	次の日C	4日前D	翌日E	今F
黄色	□	□	□	半分あげた □÷2	青と白の差だけ買った □÷2+(青と白の差)	3羽にせ □÷2+(青と白の差)−3=10
青色	12	半分逃げた 12÷2=6	6	6	6	6
白色	7	7	ひなが生まれた 7+3=10	10	10	13
合計						29

Eの日、青と白の差は　10−6=4　なので、Fの日の黄色は

□÷2+4−3=10

□=(10+3−4)×2=18

答え　黄色18羽、青色12羽、白色7羽

天才編

問題 1

わたしの学校には5つのクラブがあります。わたしのクラスの生徒のうち、サッカークラブに11人、バレーボールクラブに10人、野球クラブに9人、音楽クラブに15人、美術クラブに8人入っています。また、どのクラブにも入っていない生徒は6人です。ただし、2つのクラブにかけもちで入っている生徒が8人、また3つのクラブにかけもちで入っている生徒が何人かいます。わたしのクラスの人数は41人です。3つのクラブにかけもちで入っている生徒は何人いますか。ただし、4つ以上のクラブにかけもちで入ることは禁止されています。

答え：

▶正答は次のページ！

３つのクラブにかけもちで入っている生徒のことを考えない場合、

（11人＋10人＋9人＋15人＋8人－8人）＋6人＝51人

実際(じっさい)の人数は41人なので　51人－41人＝10人　多い計算になります。
この10人分が「３つのクラブにかけもちで入っている生徒」の分になります。

「３つのクラブにかけもちで入っている」ということは２回重(かさ)なって計算していることになりますから、多い10人の半分が「３つのクラブにかけもちで入っている生徒」となります。

10人÷2＝5人

答え　5人

問題 2

9歳のみちお君は、5巻1セットになった算数の問題集を解いています。全部で15問ある第3巻の問題8番が難しく、考えているうちに夜の9時をまわってしまいました。夕ごはんからすでに3時間半が過ぎ、お腹がすいてきていましたので、みちお君はラーメンを食べようと思いたちました。お湯を入れて3分間、じっとがまんの子でありました。でもせっかちのみちお君は、3分間ががまんできずに2分40秒でふたを開けて食べ始めたのでした。食べ始めてから5分21秒でみちお君は食べ終わり、再び算数の問題集にもどりました。第3巻の問題8番、ある数□からある数○を引かなければならない問題でした。せっかちのみちお君は、ある数□にまちがってある数○を足していたのですが、そのことに気づいたのはラーメンを食べ終えてから、すでに11分も過ぎてからのことでした。みちお君のまちがって出した答えから86を引くと正しい答えになるのですが、そうとは気づかずに数10分考え続けていたのでした。ふとラーメンの賞味期限の日付を見ると、5月7日になっていまして、すでに賞味期限が切れて27日も過ぎた今日でありました。みちお君の問題集を横から見ていた4歳の弟のりょうた君が、「8番の答えは57だね」と言いました。たしかにその通りでした。どうしてたった4歳の弟に正答がわかったのか、みちお君は7回ぐらいびっくりしてしまいました。さて、ある数□はいくつでしょうか。

答え：

▶正答は次のページ！

問われているのは「ある数□」です。関係(かんけい)する数字を整理(せいり)しましょう。

❶ ある数□からある数○を引く問題。

❷ まちがってある数□にある数○を足した。

❸ まちがった答えと正しい答えの差(さ)は86。

❹ 正しい答えは57。

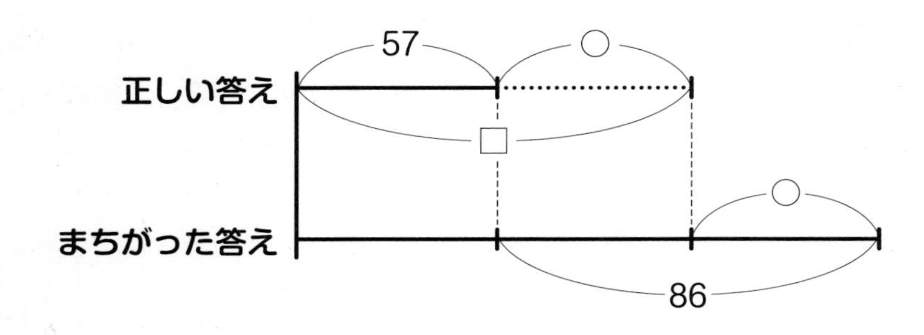

86 ÷ 2 = 43…○

□ = 57 + 43 = 100

答え　100

問題 5

《 x 》は「x以上の最小の整数」を表す記号とします。ただし「x＝0」の場合、《 x 》は「10」となり、「x＝0以外の整数」の場合、《 x 》は「x－1」となるというルールです。

たとえば、《 2.1 》なら「2.1以上のいちばん小さい整数」なので、《 2.1 》＝3となります。同様に、

《 5.8 》＝6　《 0 》＝10　《 7 》＝6　です。

それぞれ、次の数を求めなさい。

① 《4.3》＝

② 《 $\frac{20}{7}$ 》＝

③ 《 $\frac{48}{6}$ 》＝

④ 《 9.34 》－《 5.7 》＝

⑤ 《 6×《 1.3 》－12 》＋《 0.4 》＝

⑥ 《 1＋《 1－《 1 》 》 》＝

答え：①　②　③　④　⑤　⑥

▶正答は次のページ！

一段階(だんかい)ずつ、ていねいに考えましょう。

① 《 4.3 》 = 5

② $《 \frac{20}{7} 》$ = 《 2.85・・・》 = 3

③ $《 \frac{48}{6} 》$ = 《 8 》 = 8 − 1 = 7

④ 《 9.34 》 − 《 5.7 》 = 10 − 6 = 4

⑤ 《 6×《 1.3 》 − 12 》 + 《 0.4 》
　= 《 6×2 − 12 》 + 1
　= 《 0 》 + 1
　= 10 + 1 = 11

⑥ 《 1 + 《 1 − 《 1 》 》 》
　= 《 1 + 《 1 − 0 》 》
　= 《 1 + 《 1 》 》
　= 《 1 + 0 》
　= 《 1 》
　= 0

問題 6

丸井君と角田君は、テストの点数でどちらの方が高得点か、勝負をすることにしました。国語・算数・理科の3科目のうち、高い得点の2科目の合計点数で争うことにします。テストの結果、丸井君は、苦手な理科は国語のちょうど半分でした。算数は社会より12点上でした。国語は得意ですが、おしくも満点より4点低い点数でした。角田君は、国語は40点台でした。得意の算数は、満点には15点足りませんでした。理科はなんと国語の2倍の点数でした。勝負には関係ありませんが、丸井君の社会は56点、角田君の社会はそれより7点下でした。さて、勝負はどちらが勝ちましたか。満点はどの科目も100点です。

答え：

▶正答は次のページ！

以下のように整理(せいり)してみましょう。

丸井：国語100－4＝96点　算数56＋12＝68点　理科96÷2＝48点　(社会56点)

角田：国語40点～49点　算数100－15＝85点　理科40点～49点の2倍だから80点～98点　(社会56－7＝49点)

	国語	算数	理科	上位2科目(赤字)の合計
丸井君	96点	68点	48点	164点
角田君	40点～49点	85点	80点～98点	165点～183点

この表からわかるように、丸井君の164点より、角田君の最(もっと)も低(ひく)い場合の165点の方が高い。

答え　角田君

問題 7

ぼくは５時間前に、貯金箱に入っていた２３枚の１００円玉のうち何枚かを取り出して、右より左の方が３枚多くなるように、左右のポケットに入れました。４時間前にお菓子を２つ買いました。ちょうど３００円でしたので、右ポケットから２００円、左ポケットから１００円出して使いました。３時間前、兄にそのお菓子を１つあげたら、兄は２００円くれました。その２００円は左ポケットに入れました。２時間前、左ポケットから右ポケットへ３００円移動させました。１時間前、左右のポケットに持っているお金全部のちょうど半分を出して、貯金箱へ入れました。そうしたら、お母さんがほめてくださって、１００円下さいました。そうしたら、左右のポケットの１００円玉の合計は１０枚になるはずだと思っていたのに、実際は８枚しかありませんでした。さて、ぼくが５時間前に左のポケットに入れた１００円玉は何枚だったでしょうか。

答え：

▶正答は次のページ！

天才編 問題7　解説と答え

時間順に整理しましょう。貯金箱の中の枚数は考える必要がありません。また途中、左右のポケットにそれぞれいくら入っていたかも、考える必要がありません（左右を別々に考える方法もあります）。最初を□円として整理しましょう。

5時間前	4時間前	3時間前	1時間前		今
	お菓子	兄がくれた	半分貯金した	お母さんがくれた	
□円	－300円	＋200円	÷2	＋100円	800円

式にすると、

（□ − 300 + 200）÷ 2 + 100 = 800

□ = (800 − 100) × 2 − 200 + 300

= 1500円…100円玉15枚…5時間前に100円玉15枚を左右のポケットに入れた。

「右より左の方が3枚多くなるように」入れたので、

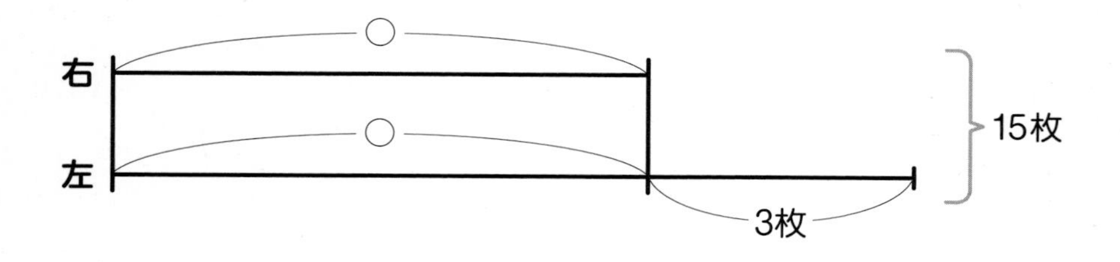

15 − 3 = 12枚 … ○ 2つ

12 ÷ 2 = 　6枚 … ○ 1つ

6 + 3 = 　9枚 … 左

答え　9枚

問題 8

ぼくの小学校は、現在354人の生徒がいます。今年の卒業式では、卒業生の6年生と在校生の5年生は全員、先生方は校長先生をふくめ16名、出席することになっています。生徒は全員同じ長椅子に座りますが、6年生は1脚に5人、5年生は1脚に6人ずつ座ります。すると、6年生の方が1脚多くなってしまうので、6年生と5年生の長椅子の数を同じにするために、6年生の3脚だけは6人ずつ座ることにし、6年生の残りの椅子は5人ずつちょうどになりました。そうすると、6年生と5年生の長椅子の数は同じになり、きれいに並べることができます。6年生と5年生の人数は合計で112人でした。生徒が座る長椅子は全部で何脚になりますか。

答え：

▶正答は次のページ！

図にかいて考えましょう。

6年生の座り方は［図1］のようになります。

もし全員が1脚に5人ずつ座ったとすると、●がもう一つの長椅子に座っていたはずの人になります。［図2］

すなわち、6年生の人数は「5の倍数（ばいすう）+3」だということがわかります。

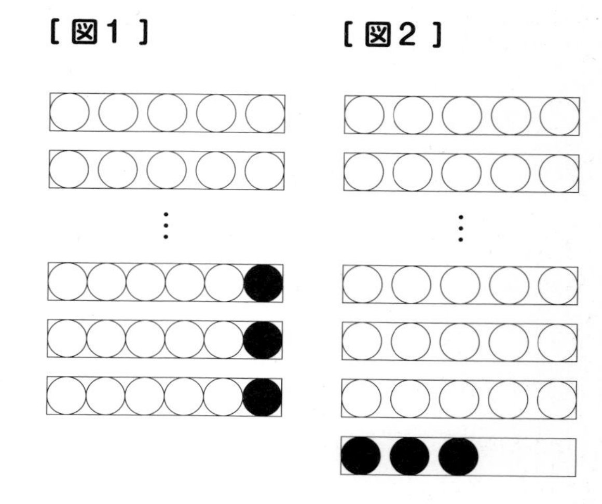

すると6年生の人数は、（長椅子3脚以上なのはまちがいないから）18人、23人、28人…108人のいずれかです。5、6年生全部の人数は112人ですから、6年生の人数が決まると、5年生の人数も決まります。

そして、それぞれの場合の必要な長椅子の数も合わせて、表にしてみましょう。

5年生の人数（112人－6年生の人数）	94	89	84	79	…	64	59	54	49	…
5年生用の長椅子の数	16	15	14	14	…	11	**10**	9	9	…
6年生の人数（5の倍数＋3）	18	23	28	33	…	48	53	58	63	…
6年生用の長椅子の数	3	4	5	6	…	9	**10**	11	12	…

5年生の長椅子の数と6年生の長椅子の数が等（ひと）しくなるのは、5年生59人、6年生53人の場合で、長椅子はそれぞれ10脚です。

10＋10＝20脚

答え　20脚

問題 9

15歳のゆうこさんは、友だちのしずこさんと高々山までピクニックに行くことになりました。高々山は名前とはちがって、標高237mのそんなに高くない山です。朝6時ちょうどに起きて、まず家から3分歩いてバス停に着くと、ちょうど5番のバスが来てすぐ乗れました。その日は日曜日だったので、普通なら駅まで30分で行けるところ、道がこんでいて50分かかりました。駅前のバス停から歩いたり、切符を買ったりして、駅のホームに着くまでに8分かかりました。そのうち歩いたのは6分です。切符代は1人370円でした。ホームではしずこさんが待っていてくれました。しずこさんは家を7時6分に出て、この駅についてから10分待ったそうです。高々山ふもと駅まで行くのに、1回乗り換えをしなければなりません。乗り換え駅まで乗車する電車が来るまで4分待ちました。そして乗りました。38分たって、乗り換えのために電車をおりました。高々山ふもと駅行きの電車は9分ごとに出ていて、次の電車までちょうど5分あったので、駅の売店で100円のガムと120円のポテトチップスと150円のチョコレートを買おうとしました。ところが、帰りの電車賃のことを考えるとお金が足りなくなるかもしれないので、ポテトチップスとチョコレートだけ買いました。こうして乗り換え駅で電車をおりてから買い物に6分かかってしまい、予定の電車に乗りおくれてしまいました。しかたがないので、その次の電車に乗りました。その後41分電車にゆられて、やっと高々山ふもと駅に着きました。そこから山の上まで歩くと50分もかかるのですが、ロープウェイがあったので、電車が到着してから5分後にそれに乗りました。ロープウェイの料金は2人で540円でした。ロープウェイに13分乗って、やっと高々山の頂上に着きました。ゆうこさんが家を出たのは7時18分でした。二人が高々山の頂上に着いたのは何時何分でしょうか。

答え：

▶正答は次のページ！

必要なのは時間だけです。しかも設問の文章には必要のない時間も書かれていますので、注意しましょう。

家 ——— バス停 ——— 駅前バス停 ——— 駅ホーム ——— 乗り換え駅
3分　50分　8分　4分待ち　38分　5＋9分

——— ふもと駅 ——— ロープウェイふもと ——— ロープウェイ頂上
41分　5分　13分

かかったのは、

3＋50＋8＋4＋38＋（5＋9）＋41＋5＋13＝176分

ゆうこさんが家を出発したのは7時18分ですから、

7時18分＋176分＝7時194分＝10時14分

答え （午前）10時14分

問題 10

北村君、南田君、東出君、西岡君の４人がそれぞれ何台かのミニカーを持っています。北村君は西岡君の半分より８台多く持っています。南田君は北村君のちょうど半分持っています。東出君は８台より少ない台数で、西岡君は東出君の７倍持っています。４人はそれぞれ何台ずつ持っていますか。なお、１台も持っていない人はいません。

答え：

▶正答は次のページ！

東出君を最初(さいしょ)に考えると、わかりやすいでしょう。

東出：８台より少ない＝１台〜７台

西岡：東出の７倍

北村：西岡の半分＋８台

南田：北村の半分

線分図(せんぶんず)で整理(せいり)してみましょう。

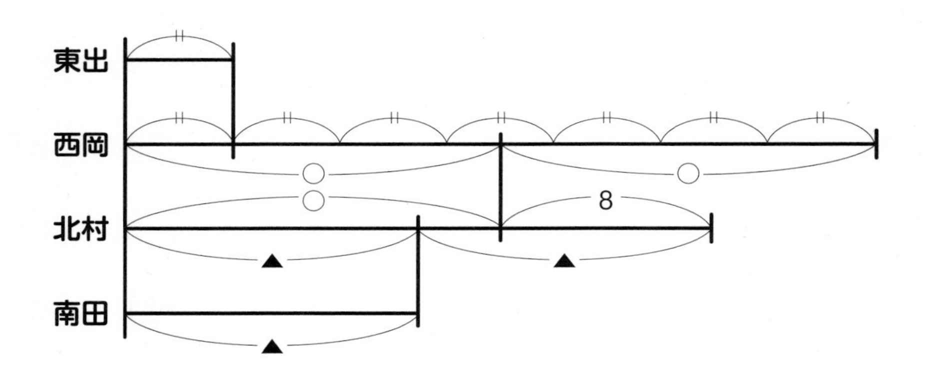

もし東出君が１台だとすると、西岡君は７台になりそれは半分にできないので、北村君の台数がおかしくなります。

もし東出君が２台だとすると、西岡君は14台、北村君は15台になります。15台を半分にできないので、南田君の台数がおかしくなります。

以下、同じように考えると、

東出３台：西岡２１台、北村 ×
東出４台：西岡２８台、北村２２台、南田１１台　〇
東出５台：西岡３５台、北村 ×
東出６台：西岡４２台、北村２９台、南田 ×
東出７台：西岡４９台、北村 ×

よって、答えは１とおりに決まります。

答え　東出君４台、西岡君２８台、北村君２２台、南田君１１台

考える力を育てる天才ドリル
文章題が正しく読めるようになる どっかい算

発行日 2020年7月20日 第1刷

Author 株式会社認知工学（出題：水島 酔）

Book Designer 轡田昭彦＋坪井朋子
Illustrator 村越昭彦

Publication 株式会社ディスカヴァー・トゥエンティワン
〒102-0093 東京都千代田区平河町2-16-1 平河町森タワー11F
TEL 03-3237-8321（代表） 03-3237-8345（営業）
FAX 03-3237-8323
http://www.d21.co.jp

Publisher 谷口奈緒美
Editor 三谷祐一 牧野類

Publishing Company
蛯原昇 梅本翔太 千葉正幸 原典宏 古矢薫 佐藤昌幸 青木翔平
大竹朝子 小木曽礼丈 小田孝文 小山怜那 川島理 川本寛子
越野志絵良 佐竹祐哉 佐藤淳基 志摩麻衣 竹内大貴 滝口景太郎
直林実咲 野村美空 橋本莉奈 廣内悠理 三角真穂 宮田有利子
渡辺基志 井澤徳子 藤井かおり 藤井多穂子 町田加奈子

Digital Commerce Company
谷口奈緒美 飯田智樹 大山聡子 安永智洋 岡本典子 早水真吾
三輪真也 磯部隆 伊東佑真 王廳 倉田華 小石亜季 榊原僚
佐々木玲奈 佐藤サラ圭 庄司知世 杉田彰子 高橋雛乃 辰巳佳衣
谷中卓 中島俊平 西川なつか 野﨑竜海 野中保奈美 林拓馬
林秀樹 元木優子 安永姫菜 中澤泰宏

Business Solution Company
蛯原昇 志摩晃司 藤田浩芳 野村美紀 南健一

Business Platform Group
大星多聞 小関勝則 堀部直人 小田木もも 斎藤悠人 山中麻吏
福田章平 伊藤香 葛目美枝子 鈴木洋子

Company Design Group
松原史与志 岡村浩明 井筒浩 井上竜之介 奥田千晶 田中亜紀
福永友紀 山田諭志 池田望 石光まゆ子 石橋佐知子 齋藤朋子
俵敬子 丸山香織 宮崎陽子

Proofreader 文字工房燦光
DTP 轡田昭彦＋坪井朋子
Printing 日経印刷株式会社

ISBN978-4-7993-2635-0